楽天
3000
U0265346

绘筑天津

孙媛 著

清华大学出版社
北京

图书在版编目（CIP）数据

绘筑天津 / 孙媛著. -- 北京 ：清华大学出版社，
2024. 10. -- ISBN 978-7-302-67505-1

Ⅰ. TU-862

中国国家版本馆CIP数据核字第2024L35A75号

责任编辑：刘一琳　王向珍
装帧设计：陈国熙
责任校对：薄军霞
责任印制：沈　露

出版发行：清华大学出版社
网　　　址：https://www.tup.com.cn，https://www.wqxuetang.com
地　　　址：北京清华大学学研大厦 A 座　　　　　　　　邮　　编：100084
社 总 机：010-83470000　　　　　　　　　　　　　　　邮　　购：010-62786544
投稿与读者服务：010-62776969，c-service@tup.tsinghua.edu.cn
质量反馈：010-62772015，zhiliang@tup.tsinghua.edu.cn
印 装 者：北京博海升彩色印刷有限公司
经　　销：全国新华书店
开　　本：210mm×210mm　　　　　　印　　张：3.2　　　　　　字　　数：82 千字
版　　次：2024 年 10 月第 1 版　　　　　　　　　　　　　　印　　次：2024 年 10 月第 1 次印刷
定　　价：78.00 元

产品编号：086604-01

作者简介

　　孙媛，北京交通大学建筑与艺术学院设计系副教授，硕士研究生导师，设计系党支部书记、副系主任。本硕博就读于天津大学建筑学院，天津大学建筑历史与理论博士、清华大学景观学博士后、美国北卡罗来纳大学（教堂山）访问学者，联合国教科文组织《保护非物质文化遗产公约》中国师资、北卡罗来纳大学（教堂山）中国城市研究中心合作研究员、天津大学中国文化遗产保护国际研究中心合作研究员，国家自然科学基金评审专家库成员。《中外建筑》杂志青年编委兼审稿人、《风景园林》杂志审稿人，中国风景园林学会理论与历史专业委员会委员、中国风景园林学会文化景观专业委员会委员。先后主持国家自然科学基金项目、北京市社会科学基金项目、中国博士后科学基金项目，参与国家社科基金艺术学重大项目"中国文化基因的传承与当代表达研究"。

绘筑
天津
创作团队

创作总监
孙媛

创作人员
赵一霖、肖 科、曹 瀚、胡文慧、侯建江、江卓元、刑宝峰、
张咏梅、李婷婷、黄晓雨、孟思凡、杜晶晶、戴天洋

航拍摄影
枉 言

课题资助项目
北京交通大学人文社科专项基金项目（2024JBW7003）：
城市历史景观（HUL）视角下的文化遗产保护研究
北京交通大学人文社科自由探索项目（2018JBW003）：
"图像时代"的城市记忆数据信息可视化设计研究
国家自然科学基金青年基金项目（No:51508297）：
多元文化视角下的文化景观与公共空间产生——京津两地近代公园历史研究
北京市哲社办青年基金项目（No:16LSC018）：
京津两地近代公园历史与文化景观活化再生利用研究
北京交通大学人才基金项目（2016RCW011）：
文化景观的活化及利用——京津两地近代公园的保护规划及开发策略研究

推荐语

孙媛老师的新书《绘筑天津》使用了建筑师特有的工作方式：制图、建3D模型，再结合文字，图文并茂地讲述了天津的历史建筑。作为同道中人，我知道这样的工作方式所带来的巨大工作量。比起拍照或手绘，制作3D模型需要对空间有全方位的认知和了解，每个元素的比例和尺寸都不能含糊，如此得到的图像具有建筑制图特有的准度，同时通过配景和人物又赋予了这些空间生活的温度。《绘筑天津》采用这样的"笨"方法为天津的历史建筑留下了一份难得的档案。

——李涵，绘造社主持人／代表作《一点儿北京》

欣闻北京交通大学孙媛副教授及其团队撰写绘制的《绘筑天津》一书出版，将有着"万国建筑博览会"之称的天津城中的历史景观和文化记忆，以更有艺术感染力和媒介传播力的"绘本故事"形式重现，在此送上热烈的祝贺！

1860年以来，清末民初波云诡谲政治风云下"九河下梢天津卫"迅速转变为现代都市，留下了经典的文艺复兴式、古典主义、折中主义、巴洛克式、中西合璧式的丰富建筑遗产，塑造了天津多元包容的景观特质。与此同时，民国时期重要历史人物在这些建筑中的长袖善舞、失意蛰伏，更是进一步将其转换为记忆之场，为这些建筑遗产留下了文化内核。

近年，通过积极的遗产信息公众传播，让公众有效地参与到城市建筑遗产保护之中成为了政府机构、社会团体和高校学者的共识。2024年7月刚刚成为世界遗产的"北京中轴线——中国理想都城秩序的杰作"在其申遗工作中，通过遗产信息的展示传播，焕活遗产承载的城市记忆，激发公众的参与热情，让遗产保护工作成为了提升社区生活品质和营造城市文化氛围的途径。孙媛教授的这本《绘筑天津》中的一页页生动场景，将静态的城市建筑遗产转换为历史人物在场的城市记忆绘本，正是当下遗产信息公众传播的有益探索。期待将来在天津都市生活中，广大读者能够按图索骥，和《绘筑天津》一起，在民国建筑中体验历史的在场。

——徐桐，北京林业大学园林学院副教授／代表作《迈向文化性保护：遗产地的场所精神和社区角色》

每到一座城市旅行，我都喜欢去书店买几本关于这座城市的图书。这些图书大部分是文字类或摄影类的，但在所有类型的图书中，我最偏爱图解类。有几点原因：

首先，图解很漂亮。经过设计者的处理，复杂的事物变得有序易读，有种理性的美。这类图书，单纯拿在手里或是摆在书架上，就能让人感到愉悦。

其次，如果说摄影作品呈现了"第一人称视角"，那图解则往往提供了一个关乎全局的"上帝视角"。旅行者的游览或市民在城市中的日常生活都是"第一人称视角"，这时配合上图解书的"上帝视角"，两个视角互相补充，会是非常好的体验。

最后，图解书的结构一般是扁平化的，随便翻开任一页都可以开启阅读，读起来非常轻松。而且，因为图解（特别是建筑、城市类的图解）一般细节都很丰富，每次看可能都会有新的发现。

以往，国外这样的书更多，但近年来，我很高兴地发现有越来越多的作者开始选择用图解展示中国的城市——《绘筑天津》就是这样一本优秀的城市图解书。

我在北京成长、生活，离天津很近，但一直对身边这座美丽的城市了解有限。《绘筑天津》一下子激发了我的好奇心。除了精美细致的建筑和城市场景外，还有许多漫画风格的故事，历史人物粉墨登场，大大丰富了本书的趣味性，也体现了天津的文化厚度。

希望《绘筑天津》还能出第二册！

——宋壮壮，帝都绘联合创始人／代表作《京城绘》

《绘筑天津》以独特的视角，将天津的建筑与城市紧密相连。它让你看到，建筑如何塑造城市风貌，城市又如何赋予建筑灵魂。以现代技术介入城市研究，为读者带来了一个认识天津近代建筑文化和历史信息的全新窗口。更多维度的视野，使得天津这座城市的别样魅力跃然纸上；穿梭于天津的大街小巷，感受它于时光流转中的变迁与守候。无论是对历史感兴趣的读者，还是热爱建筑艺术之人，都能从这本书中获得厚重的知识与新鲜的感悟。

——青山周平，B.L.U.E.建筑设计事务所创始人，主持建筑师／代表作《梦想改造家》

回想起2017年8月，当时邀请孙媛副教授参加我们举办的"绘城——《绘长沙·太平街》首发展览"，一晃已过去7年，光阴似箭。当我听到孙老师的《绘筑天津》要出版时，深知不易，孙老师京津两地跑，为《绘筑天津》这本书付出了很多心血，把建筑历史的学术研究有效地转化为科普读物。本书生动地呈现了天津的重要历史事件、历史建筑、历史人物等，展现出这座城市最有价值的时代缩影，形成了人人保有其独有阐述视角，却又拥有共同情感体验的城市意象。

——王蔚，湖南大学建筑与规划学院副教授，凡益工作室总设计师／代表作《绘长沙》

天津作为"万国建筑博物馆"，其历史街区是城市的记忆、文化和场景等元素的最好载体。如何以通俗易懂的方式将这些街区的厚重展示出来是我们在几年前对天津意风区进行更新设计时所遇到的主要困惑之一。在历史街区的更新工作中，我们往往是通过"冰冷"和"死板"的图纸和GIS等传统技术手段向专业和非专业人士展示，其对于生活场景和历史记忆的表达往往显得非常不友好。孙媛老师的书将街区丰富的故事以绘本的方式向我们娓娓道来，让人仿佛身临其境。这不但让我们了解到历史的建筑和景观有这么多的故事，如此有趣，也为我们的历史街区设计工作提供了一种全新的展示思路。

——尹荜懿，剑桥大学博士，北京市建筑设计研究院筑景工作室主持建筑师／代表作《天津意风区更新设计》

一座城，一方水土，一种魅力。我们可以在《绘筑天津》的城市绘本里遨游，轻松地赏读天津城市街区、历史建筑、文化艺术、名人故事……作者以严谨、细腻且生动的方式绘制城市，很好地把握了不同教育背景和年龄层读者的需求和喜好，让人可感可触，如身临其境。该书像藏宝图一样，每一页都有很多内容值得细细品味和发现，从而使人们更加关注我们的城市，并激发更深层次的城市阅读。

——张羽，清华大学美术学院设计学博士，北京建筑大学建筑系副教授／代表作《行走的笔尖》

我们常说"近代中国百年看天津",而建筑则是"凝固的历史"。因此,说到天津,我们就不能不提建筑。黑格尔曾经说过:"建筑的艺术在于人类把外在本无精神的东西改造成为表现自己精神的一种创造。"因此通过一座座建筑,我们不仅可以发现艺术之美,更可以从中发现历史、寻找历史。孙媛老师的这本《绘筑天津》,以其对家乡浓浓的爱,依靠深厚的建筑专业知识,撷取近代天津历史上具有重要标志的街区和建筑,图文并茂,并配以漫画形式,将建筑背后的历史人文娓娓道来,既呈现出建筑之美,亦具有丰富的人文关怀。这不只是形式的创新,更是表达天津的有益探索。一座城市,如何讲好自己的故事,需要我们从不同角度、不同侧面去努力,而这本书就是一种新的尝试。相信该书不仅会受到历史爱好者的欢迎,更会为孩子们了解天津打开一扇窗户。我们期待着孙媛老师给我们带来更多的惊喜!

——万鲁建,天津社会科学院历史研究所副研究员,历史学博士/代表作《近代天津日本租界研究》

看到孙老师《绘筑天津》的书稿,立马觉得很亲切,因为书中的街道和建筑我都曾在其中穿行甚至生活。天津曾是一座以建筑闻名的城市。在中国,以建筑闻名的城市并不多,而悉心对待这些建筑的就更少了。观看建筑是我们认知这些空间的第一步。对天津来说,《绘筑天津》算是一个好的开端,我们开始以更多的维度去认识这个我们自认为熟悉的世界。我有时会遗憾,遗憾未能把我曾目睹的很多地方记录下来。孙老师及其团队创作的这本书就更显可贵,它让这些历史文化遗产能被更多人熟知。

——朱起鹏,神奇建筑研究室主持建筑师/代表作《宏恩观历史常设展》

前　言

　　城市是现代性神话（the myth of modernity）的主角。今天，人类历史上首次有超过一半的世界人口居住在城市。城市不仅仅是一系列建筑物的堆砌，更是一个不断发展的生命实体。英国历史地理学家伊恩·D. 怀特（Ian D. White）认为，城市是重写本（palimpsests），城市是集体记忆的载体，记录了人类在地球表面上各个阶段活的历史。因此，城市景观是一种独特的空间叙事，反映了特定场所内经济繁荣、衰落及创新的连续层累过程，具有独特的场所精神。

　　城市景观是城市形成、变迁和发展过程中具有保存价值的历史记录，是场所精神的体现。这些历史记录通过信息的方式被编辑、储存和利用，形成了城市记忆数据。建筑作为技术与艺术结合的产物，包含技术与艺术的双重属性，是城市文化特征与时代风格的载体和见证。当一栋建筑或一处公共空间在时间的维度上积累了多代人的居住和使用痕迹时，它所承载的信息将极为丰富多元，并可能成为几代人共有的记忆载体。阅读一座建筑、一片街区、一段城市建筑的发展史，就是在阅读这座城市。

　　天津作为一座历史文化名城，记载了西学东渐背景下天津乃至近代中国城市空间的继承与转变，具有极高的历史、文化、艺术和社会价值。天津拥有丰富的城市景观类型，曾经是中国租界最多的城市，被誉为"万国建筑博览会"。这些近代建筑和街区经过百年风雨洗礼，积淀了深厚的文化内涵，与市民生活密切相关，成为天津城市记忆的重要载体。

　　为了将天津的城市记忆以更生动的方式呈现出来，本书超越以往对城市空间静态的、狭义的展现，由单一的形态学转为多元的城市历史景观研究，将天津这座城市置身于广阔的社会、文化、建筑、历史、艺术等多重背景之下，从多维度对城市空间进行认识与解读。借助无人机对历史建筑进行航拍与建模，并通过建筑、空间、人物和历史事件以"混合图像"的表征方式呈现，从多维度解读和展示天津近代时期的建筑文化和历史信息。

目　录

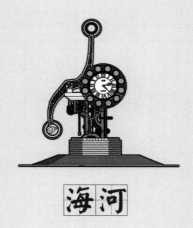

海河

原法租界——海河

天津站

　　天津站（Tianjin Railway Station），旧称天津老龙头火车站，位于中国天津市河北区与河东区交界的海河北岸。

　　天津站始建于清光绪十二年（1886年）；于清光绪十四年（1888年）正式通车运营，初址建于"旺道庄"；清光绪十八年（1892年），车站移址至海河畔"老龙头"处，故随地名称老龙头火车站。1949年新中国成立后老龙头火车站更名为天津站。

津湾广场

　　津湾广场为紧邻海河、面向天津站的前广场，已经成为天津夜景的标志性景观之一，也是海河景观的重要组成部分。游客从天津站出站即可见到，游客乘海河观光船在天津站码头下船即可抵达。津湾广场由地上商业建筑体及地下商业街共同组成，并设有开放式广场及沿海河湾亲水平台。

原法租界

　　天津原法租界，是近代中国4个在华的法租界之一，同时也是天津的9个租界之一。天津原法租界位于现在天津和平区，东部今属于小白楼街道，西部今属于劝业场街道。

　　1861年6月2日，法国政府和清政府签订《天津紫竹林法国租界地条款》，划定法国租界，北邻英租界。天津初期的对外贸易并不兴盛，来到这里的少数外商主要居住在天津城东门外三岔河口的宫北大街，仅在天津原英租界内建造了少数房屋；天津原法租界内甚至没有任何法国机构，只有一个供英美侨民使用的宗教建筑合众会堂，法国人在天津的主要活动地就是位于三岔河口的望海楼天主堂，连法国领事馆都设在邻近的宫北大街。

　　1870年6月发生了天津教案，外国侨民纷纷移居租界，天津英租界首先得到开发经营。由于法国在普法战争中失败，国力不振，天津原法租界一段时间内仍不见起色。直到19世纪80年代才开始着手进行市政建设。

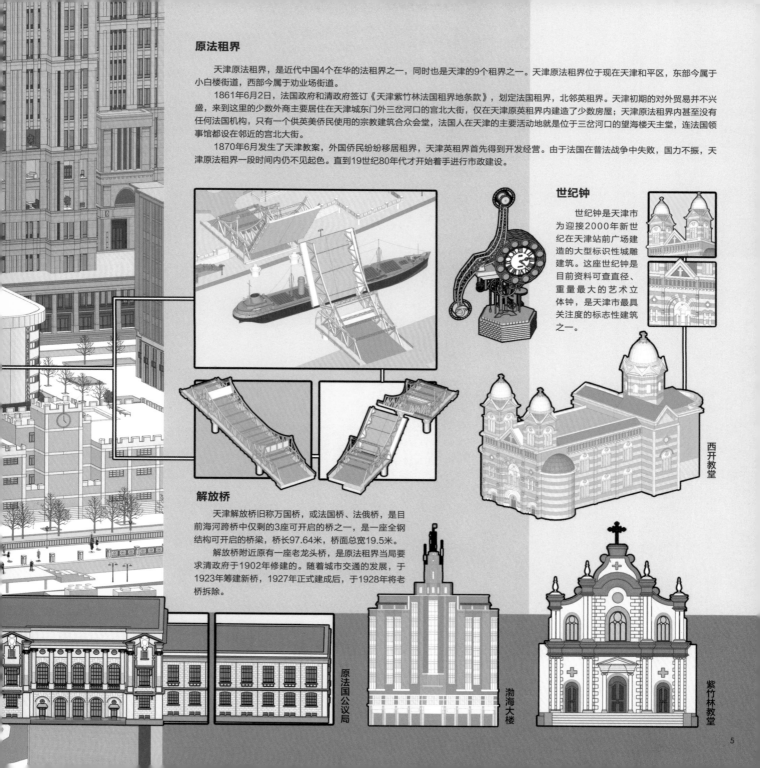

世纪钟

　　世纪钟是天津市为迎接2000年新世纪在天津站前广场建造的大型标识性城雕建筑。这座世纪钟是目前资料可查直径、重量最大的艺术立体钟，是天津市最具关注度的标志性建筑之一。

西开教堂

解放桥

　　天津解放桥旧称万国桥，或法国桥、法俄桥，是目前海河跨桥中仅剩的3座可开启的桥之一，是一座全钢结构可开启的桥梁，桥长97.64米，桥面总宽19.5米。

　　解放桥附近原有一座老龙头桥，是原法租界当局要求清政府于1902年修建的。随着城市交通的发展，于1923年筹建新桥，1927年正式建成后，于1928年将老桥拆除。

原法国公议局

渤海大楼

紫竹林教堂

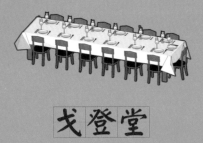

戈登堂

戈登堂（Gordon Hall）旧为原天津英租界的工部局大楼，始建于1889年，坐落于当时天津英租界的维多利亚道（Victoria Road，今和平区解放北路），其为19世纪天津体量最大的一座建筑物。

戈登堂由原天津英租界工部局董事长、英籍德国人、原天津海关税务司德璀琳建议修建，由钱伯斯（Chambers）设计，原英租界管理者为纪念戈登在开辟和规划英租界方面的贡献，以查尔斯·乔治·戈登（Charles George Gordon）命名。1890年直隶总督兼北洋大臣李鸿章亲自参加了戈登堂的落成典礼。

查尔斯·乔治·戈登
（1833—1885年）

我是天津英租界的主要设计者，为了纪念我，原英租界工部局在所在地建立了巨型的公共建筑戈登堂。

作为李鸿章大人的好友，我亲自督建了这座纪念堂，共耗费近32000两白银，于1890年正式竣工，并命名为"戈登堂"。

德璀琳
（1842—1913年）

戈登堂是一座哥特风格的古堡式建筑，在许多英国文人和绅士眼里，同源自南欧的古典建筑不同，中世纪哥特建筑是欧洲北方民族文化基因的携带者，也是不列颠人民自由的象征。在资产阶级革命后的英国，英国自然式园林和哥特式建筑，被赋予了同另一个强国——法国，在政治体制、意识形态和流行文化上对抗与竞争的意义。原天津英国工部局将相当于市政大厅的工部局大楼建成象征民族自豪的哥特式古堡建筑，一方面作为公园的背景，该建筑顺应了英国自然风景式园林的设计手法，另一方面，当时仅英、法两国获得了在天津建设租界的特权，建设带有其民族特色的建筑及园林也是为了在本地人与其他殖民者面前彰显其本国特色。

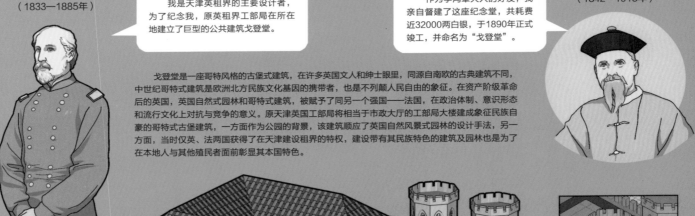

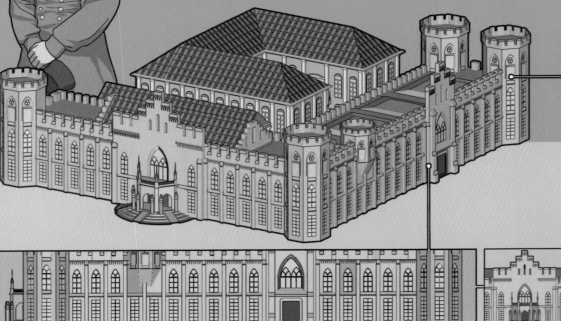

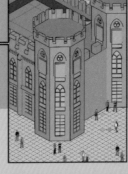

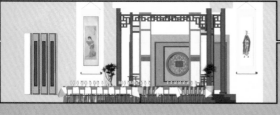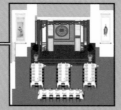

1892年2月3日，天津英租界当局为李鸿章在戈登堂举办70岁生日宴会。李鸿章出资在戈登堂里修了一个舞台，使戈登堂从此成为英租界内一个条件优越的公共娱乐场所，甚至逐渐取代了侨民俱乐部兰心戏院的地位。

李鸿章
（1823—1901年）

> 我的好友戈登将军不幸逝世，为了祭奠他的在天英灵，我决定在天津为他修建一座纪念堂。

> 李鸿章在这里办了寿宴。

1945年之后，戈登堂成为中华民国国民政府天津市政府所在地。

1949年1月15日之后，戈登堂成为天津市人民政府所在地。

1976年唐山大地震后，该楼被损坏拆除，在原址上建成新的天津市人民政府大楼。只有后面的原天津英租界消防队旧址，还保存着当年的建筑原貌。

2010年，原戈登堂后面原天津英租界消防队旧址也被拆除。同年，天津市人民政府决定在海河南岸重建戈登堂。

在浪漫主义思潮的影响下，18世纪英国的园林设计师们逐渐将中世纪建筑、废墟、岩洞等景观引入英国自然式风景园林的设计中，为自然风景增加朦胧、神秘和忧郁的意蕴。

18世纪30年代以后，英国园林内大都建有哥特式建筑，有的建成废墟状，有的则借景园外中世纪建筑。

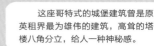

> 这座哥特式的城堡建筑曾是原英租界最为雄伟的建筑，高耸的塔楼八角分立，给人一种神秘感。

维多利亚花园

原英租界——维多利亚公园

原英租界作为天津面积最大、发展程度最高的租界，它的发展进程与天津的近代化过程有着直接的联系。回顾历史，从英国人戈登用笔画出第一条马路开始，原英租界进入形成期。经过20年的发展，1880—1890年原英租界进入高速发展期，并在这一时期涌现了大量有关公众的商业、社会和精神福利方面的成果。天津有了它的第一个教会、第一份报纸、第一条铁路、第一条碎石马路、第一幢市政大厅以及第一座公园——维多利亚公园（今解放北园）。

1887年，为纪念英国维多利亚女王即位50周年，英国工部局整并正式开放维多利亚公园作为公共公园，以供市民消遣、娱乐。庆典当日公园内举办了运动会和烟火表演，时任英国工部局局长的德璀琳在此发表演讲。作为天津第一座真正意义上的公园，维多利亚公园不仅可以被视作从古典园林到近现代园林的一个转折点，同时也是研究中国园林乃至中国城市现代化发展问题的一个重要个案。其不仅是服务于原英租界内居民的市政设施，更可作为英国国家形象的可视化设施。

> 1864年的夏天，我在普鲁士财政部的安排下来到中国，在北京海关总署学习汉语。

19世纪后期中国外交和天津城市开发中的关键人物。1878—1893年（中间除去1882—1884年）的13年间，德璀琳先后10次被推举为原英租界的董事长。

德璀琳
（1842—1913年）

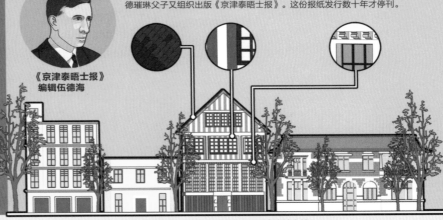

1886年11月，利顺德饭店筹建了"天津印刷公司"，股东殷森德、甘霖共同出版《中国时报》。1891年时报停刊后，饭店变印刷厂为印字馆。三年后，德璀琳父子又组织出版《京津泰晤士报》。这份报纸发行数十年才停刊。

《京津泰晤士报》
编辑伍德海

1891年利顺德股东建造的印刷公司印字馆大楼

大龙邮票

大龙邮票的最早发行日期为1878年7月24日—8月1日，清朝政府海关试办邮政，首次发行中国第一套邮票——大龙邮票，这套邮票共3枚，主图是清皇室的象征——云龙。由古斯塔·冯·德璀琳筹办。

13

中国塔、亭、桥之类的东方建筑，曾在18世纪中叶到19世纪初的欧洲大量园林中流行。中国古典建筑在英国园林中的运用，使英国自然风景式园林景观更具有异国情调，也成为盛行于欧洲一个多世纪"中国风"的一部分。

　　在维多利亚公园中设置中式风格的景亭，是英国自然风景式园林惯常的设计手法，是中国文化的输出与再回流，而不是由于在天津设立租界才采用中西合璧的折衷主义设计手法，但是由于维多利亚公园在建造过程中雇佣本地劳工，所以景亭为清末官式做法，在风格上更本土化，有别于英国风景式园林中带有洛可可风格的中式景亭。

中西合璧的六角凉亭，时常有乐队表演，那时已经出现了很多西洋铜管乐队，当时的英国人赫德赞助了一支乐队，命名为"赫德交响乐队"，这也是中国的第一支铜管乐队。

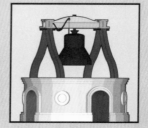

海光寺大钟

　　海光寺大钟为光绪四年（1878年）德国所铸造，重6.5吨，三年后作为德国给清王朝的礼物运抵天津，悬于海光寺。1900年，日军占领海光寺后，把这口钟转送给了英租界工部局，作为消防警钟悬于维多利亚花园。南开大学八里台新址落成后，由英租界当局送到南开大学，从此成为南开大学的校钟。1937年，天津被日军所占领，海光寺大钟随着一批图书和仪器设备被日军从南开园中掠走，从此下落不明。

维多利亚公园以英国公园的传统风格为基础，借鉴了中国园林自由布局的手法，是一座中西合璧的方形公园。维多利亚花园建成之初，还有一条环绕公园的小溪，可供一艘中式小木船在小溪中划过，沿岸摆满了盆花和布幔。

1919年，为了纪念在第一次世界大战中阵亡的英国士兵，将之前的消防大钟移走，在维多利亚公园建起了一座约5米高的欧战胜利纪念碑。南面浮雕有一十字架，内刻一执剑人像，两侧各有石雕花瓶一只，十字架下有"THE GLORIOUS DEAD"的铭文。

欧战胜利纪念碑

"卫生"在20世纪初的中国成为一种现代性的标志，并且同清洁、礼仪及阶级地位相联系。维多利亚公园在建园初期曾设有兽栏，展示一些观赏性动物。后期由于越来越多的人反映这些动物不够卫生且过于吵闹，工部局最终于1898年将除鹿以外的动物都迁走了，并在1916年在新建的花房中配备了两个厕所，成为公园内最早的公共卫生设施。

用于照明的煤气和电力于19世纪80年代开始在天津出现。原英租界在1889年开始使用煤气照明，到1906年时，原英租界内所有的煤气灯已全部改为电灯。1910年维多利亚公园内安装了电灯，使得公园可以在夏日开放到午夜，方便公众纳凉。

利顺德大饭店

利顺德大饭店取名源自创始人"殷森德"的谐音，有孟子格言"利顺以德"之意。很长一段时间它都是清政府与各国外交的重要枢纽，甚至不少外国领事馆入驻于此。但同时也成为屈辱的发生地，"中丹""中荷"等不平等条约便签订于此。

1886年，时任英租界工部局董事长德璀琳成了利顺德的第一大股东。他将已经不合时宜的平房改建成维多利亚风格的三层楼房，使之成为当时英租界最大、最高的建筑。

1863年，作为英国传教士的我购买了一地块建饭店，取名为利顺德。

1883—1903年，是我担任利顺德饭店的经理。

殷森德

乔治·瑞德

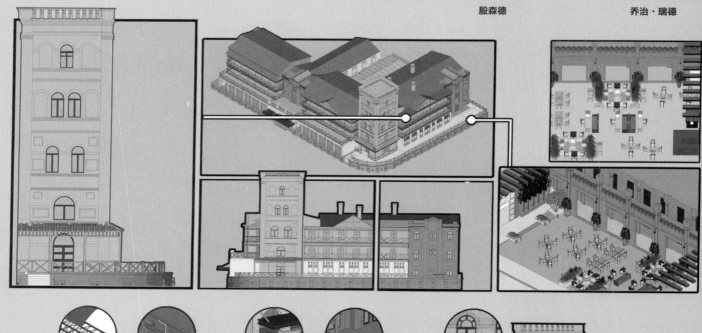

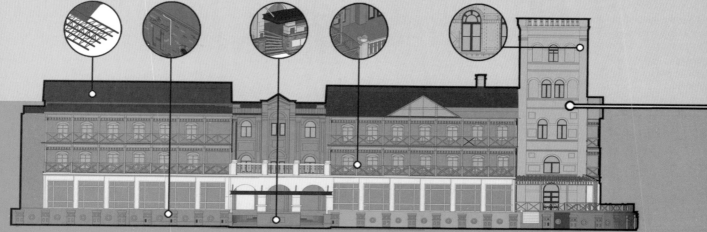

1886—1913年，我和汉纳根是利顺德的大股东。

我对饭店进行了翻新、加盖，安装了大量电灯、电话，利顺德成为最早进入电气时代的饭店。

1897—1916年，我任董事会董事长。

1916—1937年，我执掌饭店，并且铸造了代表利顺德权利的银钥匙。

这里是孙中山先生、美国前总统胡佛、梅兰芳先生等人多次下榻的地方，同时也是溥仪与婉容纸醉金迷的地方。

德璀琳　　**汉纳根**　　**安德逊**　　**海维林**　　**翠亨北寓**

象征权利的银钥匙

1925年3月，利顺德酒店重新修建后竣工，全体股东决定特制一把半尺的银钥匙作为饭店权利的象征。

利顺德饭店还是众多历史名人下榻之所，如288套房就因为孙中山先生多次下榻被称为总统套房，又称"翠亨北寓"。

利顺德是我和婉容参加舞会与社交的好去处，这里的甜点也颇有特色。

利顺德是我收获最多掌声的荣耀之处，有时候我还会坐到钢琴前弹奏一曲。

留声机

末代皇帝爱新觉罗·溥仪、皇后婉容、淑妃文秀居津六载。每值金秋，清风送爽，必至饭店歌舞。皇帝、皇后舞性极佳，常至翌日丑时方归。

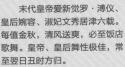

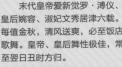

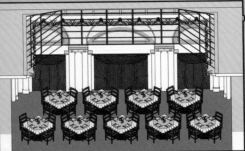

1863年年初，英国维多利亚女王派驻天津领事吉布逊与牧师殷森德签订"皇室租约"，准其购地建饭店。同年夏，华夏首家涉外饭店——利顺德告竣开业。

德以顺利

李鸿章杂烩

1896年，利顺德股东陪同李鸿章出访欧美，期间吃饭时，因为正餐已经用完，李鸿章命令厨师将残菜混在一起加热，烧好上桌。受到宴会来宾赞赏，至此歪打正着创造出这一菜肴。

溥仪和婉容

利顺德饭店见证了许多事物的诞生，如著名的"大龙邮票"的设计发行；中国第一部发报机的投入使用；中国第一条正规铁路——天津到唐山铁路的通车典礼；北洋西学学堂（天津大学的前身）的诞生；利顺德是中国最早安装电风扇和暖气装置的酒店，安装有著名电梯公司奥的斯推出的第一台自动电梯。

19

民园体育场

民园体育场是天津的老体育场。

1902年我在天津马大夫医院出生。曾获1924年巴黎奥运会男子400米赛跑冠军。电影《火的战车》讲述的就是我的故事。

李爱锐
（1902—1945年）

民园体育场

　　民园体育场坐落于天津市和平区"五大道"历史风貌保护区。"五大道"历史风貌保护区拥有20世纪二三十年代不同国家建筑风格的花园式建筑，因此也享有"万国建筑博览会"的美誉。

　　"五大道"原是天津城南的一片荒芜的洼地，1903年在英租界的第三次扩充中被划定为"英租界推广界"（Extra-Mural Extension）。1919—1926年，英租界工部局利用疏浚海河的淤泥填垫洼地修建道路，先后在这一地区建成了大理道、睦南道、常德道、重庆道、成都道，初步圈定了如今"五大道"地区的范围。由于政治与经济需要，"五大道"从建成之日起至今，一直是政界要人的居住地，而民园体育场能够在此占得一席之地，自然彰显出它独特的魅力与深厚的历史底蕴。

　　1937年，日本发动侵华战争，为了防止日本飞机轰炸，天津英租界工部局在体育场大门前的空地上用油漆绘制了一个巨大的英国国旗。这面国旗直到1941年日本占领天津英租界后才被除去。1943年，日本军拆走体育场的铁栅栏和铁门，将其更名为天津市第二体育场。新中国成立后，经过1954年、1974年、1980—1982年的几次大型改建，修建了看台，台下设置了办公用房，场内将沙地改为草坪，这里成为全市独一无二的国际标准田径、足球比赛场地。2012—2014年体育场进行了全面改建，一座崭新的民园广场以欧式建筑风格呈现在人们眼前。完全开放式的民园广场，同时建有400米跑道和下沉式露天广场。其中，河北路段改为透空罗马柱，游人可自由出入，形成开放的体育公园。

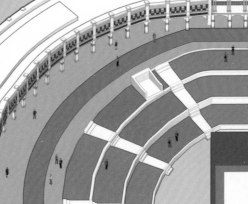
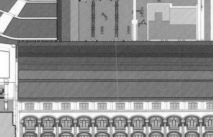

李爱锐与民园体育场

李爱锐（Eric Henry Liddell）1902年出生于天津马大夫医院，父母均为苏格兰人。1907—1925年随父母返回苏格兰，并考入爱丁堡大学。1924年的巴黎奥运会上以47秒6的成绩获得男子400米赛跑冠军，打破奥运纪录和世界纪录。1925年8月，已经成为国际著名运动员和体育明星的李爱锐，从爱丁堡大学化学系毕业后，告别了英国以及他在英国可能得到的各种荣誉和待遇，怀着对中国的眷恋，回到了出生地天津，执教于新学书院，担任高中理工科教师。抗日战争期间李爱锐被日军抓入集中营，最终死于抗战胜利前夕。半个多世纪后的1981年，李爱锐奥运夺魁的故事在英国被改编成电影，名为《火的战车》。

李爱锐早年曾在英国斯坦福桥体育场进行短跑训练，在民园的改造工程设计中，他参考斯坦福桥体育场，依据世界田径赛场的标准及自己的参赛经验，对诸如跑道结构、灯光设备、看台层次等改建提出了一系列建议，这些建议在当时看来是具有世界先进水平的。在他的筹划与监建下，民园体育场终于以全新的面貌成为当时在亚洲范围内首屈一指的综合性体育场。

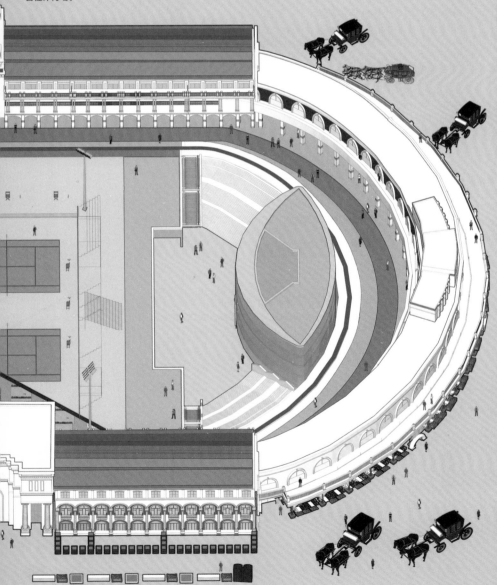

在大学期间，富有体育天赋的李爱锐成为大学橄榄球队的出色运动员，后加入了苏格兰国家队。不久，英国体育界的一位著名教练发现了他，并引领其走上了田径之路。从此，在田径竞赛场上他一次又一次获得殊荣。1923年，也就是巴黎奥运会的前一年，李爱锐在英格兰赢得一次比赛的冠军。一家报纸用"那是20世纪的赛跑"来称赞李爱锐在比赛中的表现。另一家报纸则评价说："李爱锐的双腿似乎在闪耀着一种精神，他总是怀着必胜的信念，没有一个对手可以超越他，而他总能获得最后的胜利。"

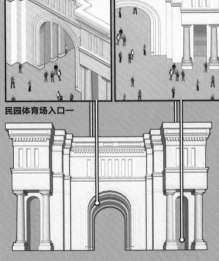

民园体育场入口一

23

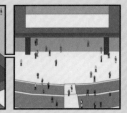

地下入口

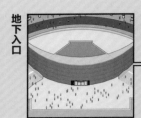

下沉绿地

> 民园体育场承载了众多天津人的足球梦。

人民的公园——民园体育场：

　　民园体育场在1917年的安德森规划中首次被提及，1921年，英租界工部局对该场地以及周围道路格局做出调整，形成"五大道"的路网格局。然而，最初运动场只面向外国侨民开放。1925年，"五卅运动"在全国的爆发，要求废除不平等条约、收回租借的呼声越来越高。原天津英租界当局为了缓和气氛，废除一些华洋之间的不平等待遇，提高华人在英租界的地位。其中最有进步意义的则是以民园体育场为首的，华人对于英租界内公共空间的平等使用权。

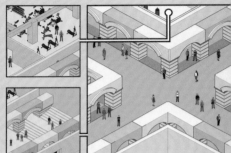

　　1926年年初，天津英国工部局对民园体育场进行了改造。1926年10月6日，修葺一新的天津英租界体育场重新开幕，容纳近两万名观众。它包括两块足球场地、一块田径场地、6条500米跑道和6条200米直线跑道，成为当时在亚洲范围内首屈一指的综合性体育场。附近华人居民常来此进行体育活动，每逢春秋季一些学校也在这里召开运动会。"万国足球赛"和"万国天津赛"均在这里举行。1929年，该体育场举办了"万国田径运动会"，李爱锐在此夺得了800米长跑的金牌。

> 一家报纸用"那是20世纪的赛跑"来称赞李爱锐。

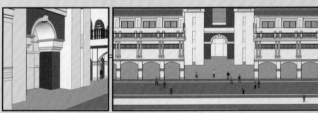

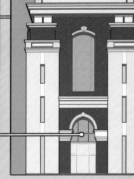

民园体育场立面

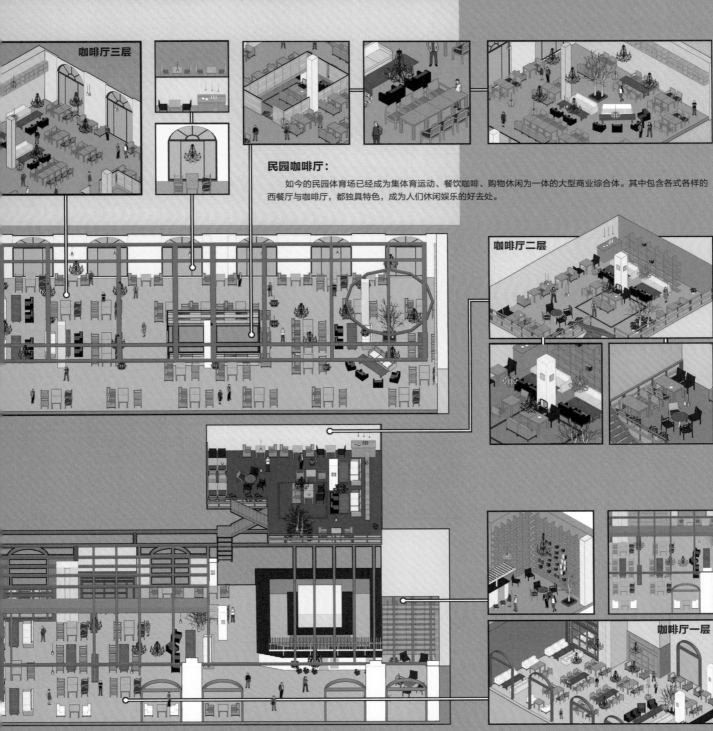

咖啡厅三层

民园咖啡厅:

　　如今的民园体育场已经成为集体育运动、餐饮咖啡、购物休闲为一体的大型商业综合体。其中包含各式各样的西餐厅与咖啡厅,都独具特色,成为人们休闲娱乐的好去处。

咖啡厅二层

咖啡厅一层

静园

原日租界——静园

静园位于天津市和平区鞍山道70号（原日本租界区宫岛路），始建于1921年。静园初名乾园，是民国时期参议院议员、驻日公使陆宗舆的住宅。1925年溥仪先住在天津的张园，1929年溥仪与皇后婉容、淑妃文秀一起搬到乾园居住。随后溥仪将乾园改为静园，取"静以养吾浩然之气"之意。也体现出溥仪试图"静观变化，静待时机"的心态。静园融西班牙式和日式风格于一体，主体建筑为二层（局部三层）砖木结构，中央亭子间突出，西半部有通天木柱的外走廊，东半部为封闭式。

楼内主要房间面积很大，突出前檐的阳台和大采光窗，以增加主楼的立面效果，整体院落草木葱郁，静谧宜人，是天津租界时期庭院式私人宅邸的典型代表。

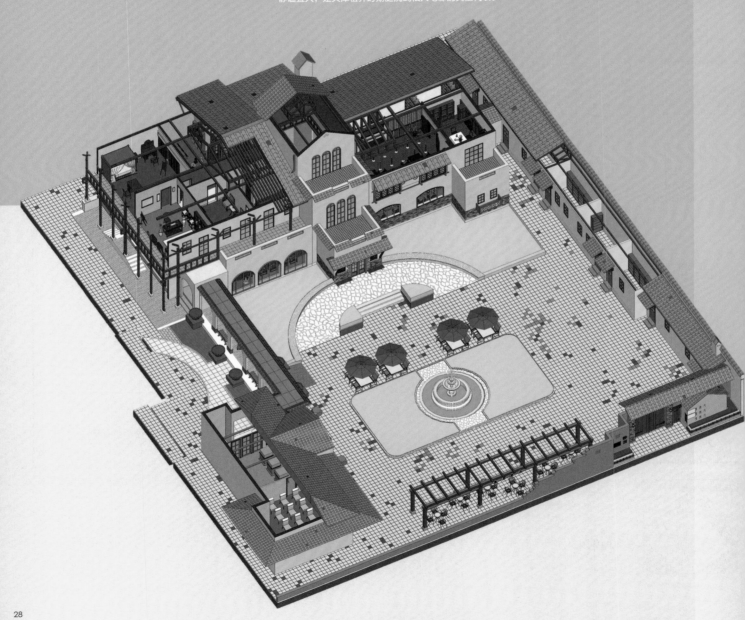

我原居住在清旧臣张彪之宅——张园，但张彪去世后，张家派人收取租金。无奈被迫迁居至乾园，我将其更名为"静园"。

静园并不平静，溥仪身处静园中被各种势力包围与争夺。实际上，静园是溥仪降日的跳板。溥仪从这里走上了卖国求荣之路。溥仪将其命名为静园其实是寓意着他的复辟梦。溥仪到天津后一直寻找"靠山"，在荣源和阎泽溥的介绍下会见张作霖。后来溥仪一直在复辟之事上左右摇摆不定，直到被日本特务头子土肥原贤二游说，他才下定决心。

我在天津生活的这六年，各派遗老在各种主意之间摇摆，也是我积极活动、寻求复辟的六年。当时认为日本人是复辟的第一外援力量，其在我心里的位置极其重要。

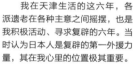

溥仪搬出后，静园几番易主，院中陆续私搭乱建，成为住有40多户居民的大杂院，原有的建筑风貌已不复存在，主体建筑屡遭破坏。2005年，静园被确定为历史风貌建筑，2006年开始依据"修旧如旧""安全适用"的原则对其进行修复。修复后的静园维持了旧时的风貌特征，并增加了部分功能。整体修复除对楼体屋架进行科学加固处理以外，对建筑原有的门窗、玻璃、小配件及地砖等原状构件也进行了妥善的保护和修复。主楼原议事厅内的壁炉、壁灯都被精心保留下来，具有静园特色的几个拱券都完全采用旧料加工修复，原比利时进口玻璃经过精心清洗，保留原样。

修复后的静园根据历史文献、图片资料以及专家考证，在主楼一楼恢复了大餐厅、会议室、会客室；也恢复了二楼溥仪、婉容的起居室、书房、寝室等。室内还依据当初的摆设，以仿造的室内家具、饰品为主复原，陈列了部分展品，并辅助陈列了与溥仪有关的器物、相关文字、照片资料等，基本展示了溥仪当时在津的生活和政治活动情况。而庭院中心的水池喷泉，西侧平房图书馆及其旁边的湖山叠石、竹林景观，西庭院的鱼形喷泉、藤萝架、游廊，也都还原成静园当初的模样。

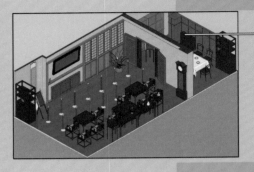

静园真的蛮有特点的，不仅具有日本木构建筑特点，还有西班牙建筑的样式！

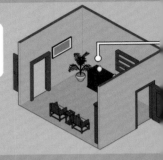

1909年闰二月 下诏责成预备立宪。
1910年正月 同盟会发动广州新军起义失败，十一月，资政院请求下达剪发易服的上谕。
1911年 爆发武昌起义，溥仪下《罪己诏》，1912年2月12日以太后名义颁布《退位诏书》。
1917年7月1日 宣统复辟，7月13日二次退位。

在静园内与清朝遗老遗少以及张作霖、段祺瑞、吴佩孚等往来，谋划"复号还宫"，再次复辟是为"后逊清小朝廷"。
溥仪在租界期间受到列强尊重，获得极高的待遇，充分享受"特殊华人"的殊遇和荣耀。
土肥原贤二游说溥仪，提出新国家是溥仪做皇帝的帝国，溥仪几乎毫不犹豫地同意条件，前往东北。

1932年9月 与日本签订了《日满议定书》，日本政府正式承认满洲国。溥仪自1932年3月1日至1934年2月28日任满洲国执政，建年号"大同"。3月6日与板桓征四郎签订了"汤岗子温泉密约"。
1934年 改国号为"满洲帝国"，改称"皇帝"，改元"康德"。

1945年8月8日 苏联对日宣战并进攻满洲国，满洲国政权覆灭。8月15日，日本投降，溥仪颁布《退位诏书》。在苏联被监禁五年。
1950年7月30日 溥仪从苏联被引渡回中国，8月1日在绥芬河由苏联政府移交中国政府，并送到抚顺战犯管理所接受十年思想再教育和劳动改造。
1957年下半年 开始撰写《我的前半生》。

宣统皇帝
爱新觉罗·溥仪

蛰伏天津
"有我溥仪在，大清就不会灭亡！"

伪满洲皇帝
"我们利用关东军实现清朝复辟，关东军利用我们实现政治目的，这就是伪满洲。"

阶下囚

"人字坨"木质屋架

缓坡屋顶、筒瓦

砖木结构、日式木构架

比利时水晶玻璃

木框门窗与斜纹窗棂

静园的整体建筑风格是西班牙与日式的结合，局部呈中国古典建筑的特点

静园建筑整体的外观为黄墙红瓦。淡黄的外墙采用水泥拉毛粉刷，给人厚重且温暖的感觉。屋顶采用橙红色的筒瓦铺设成缓坡，属于西班牙式建筑的特点。正立面凸凹有致，有突出的屋顶、阳台和入口处的屋檐。位于西侧的柱结构与位于东部的实墙相呼应，形成虚实的对比。一层的拱券结构又与西侧跨院长廊产生构图上的呼应，使院内的建筑整体性得到很好的体现。

建筑采用砖木结构，屋顶采用日式木构架，为"人字坨"屋架，给人以明快的视觉感受。主楼的立面采用拱券与绞绳纹柱的构图，彩色玻璃与精心设计的铁艺门窗构相结合，体现西班牙建筑的特色。而拱券中的木框门窗和斜纹窗棂反而体现了日式建筑的特色。

主楼阳台的栏板使用的是青瓦铺置，属于天津的传统做法。下方墙裙中突出的砖头丰富了立面墙面的肌理。后楼与主楼的连廊顶部一定程度上表达了中国传统的木结构，其中的木材均有斜线层叠纹理。其室内装修也很有讲究，红木席纹地板，木质的楼梯、扶手、护墙板以及踢脚等设计细致而实用。配套的内部设施优雅，灯具极具变化。门厅内也采用不同种类的瓷砖进行铺设，非常精致。院内景观以前院的圆形三跌喷泉配合长方形花池为中心，同时体现了欧洲与日本园林的特色。

溥仪与日方交谈

溥仪会见德国恩人

溥仪卧室

婉容卧室

溥仪书房

宴客厅

小餐厅

钱库

1931年"九一八"事变后，静待时局的溥仪开始不安于现状，这个26岁的年轻人似乎又看到了他复辟的希望。

这年冬季一个不寻常的晚上，日本驻沈阳特务机关长土肥原贤二造访静园，劝溥仪"到东北去主持一切"，并表示日本会"尊重领土主权"和他的"自主"。这些提议经过在静园内召开的"御前会议"以及一系列争执，终于使溥仪决定依靠日本人的力量来恢复大清江山。

1959年12月4日上午 抚顺战犯管理所首批特赦战犯大会召开，辽宁省高级人民法院的代表宣读特赦人员通知书，溥仪被释放。
1960年3月 溥仪被分配到北京植物园担任园丁及卖门票的工作。
1964年 溥仪调到全国政协文史资料研究委员会任资料专员，并担任第四届全国政协委员。
1967年 溥仪因尿毒症去世。

二层主要是溥仪和婉容生活居住的场所，包括溥仪卧室、书房，婉容卧室，小餐厅，宴客厅以及钱库。有些小型私密的会议也在二楼的宴客厅中进行。

公民
"改造我这样一个人不容易，把一个封建统治者变成一个公民，无论哪个国家都很难做到，中国共产党办到了。"

妃子·革命——文秀

婉容

文秀

1931年8月25日
淑妃文秀突然从静园出走，住进了利顺德饭店，通过律师向溥仪提出离婚，一时轰动整个民国，各报纸纷纷刊登消息，因为文秀是第一个敢跟皇上打离婚的人，故而称之"妃子革命"。

在紫禁城时，溥仪是倒向婉容一面而指责文秀。特别是到了天津，溥仪和婉容住在二楼，文秀住在楼下会客大厅南边的一间房内。失宠的文秀非常痛苦和寂寞，最终上演了"离家出走"的一幕。

文秀与溥仪离婚还有一个原因是文秀曾多次阻止溥仪与日本人来往，从而遭到了溥仪的厌恶。当时北平的《晨报》有这样一段文字："文秀自民国十一年（1922年）入宫，因双方情意不投，不为逊帝所喜。迄今九年，独处一室，未蒙一次同居，而一般阉宦婢仆见其失宠，竟从而虐待，种种苦恼，无从摆脱。"

意大利风情街

原意租界 —— 意大利风情街

　　意大利风情街坐落于海河之滨，地处天津市河北区原意大利租界内。原意大利租界始建于1902年，是天津9国租界之一，也是近代中国唯一一处意大利租界。1902年6月7日，天津海关道唐绍仪与新任意大利驻华公使嗄里纳签订了《天津意国租界章程合同》，划定天津意租界的范围。位置介于天津奥租界与天津俄租界之间，南临海河，北到津山铁路，与天津法租界和天津日租界隔河相望，面积771亩。同年，意大利首任驻天津领事费洛梯上尉在进行认真勘测和规划之后，利用海河清淤的废土垫平沼泽洼地，修建排水系统，兴建意大利风格的花园住宅并完善相关的服务设施，包括俱乐部、意国花园、菜市和警察局。意租界内有一百余座意式建筑，全部由意大利设计师设计，街区风貌独特，是意大利本土之外，在亚洲唯一保存良好的意大利风貌建筑群。

　　除了独特的建筑和街区风貌，意大利风情街文化气息浓厚，曾留下许多名人政要的足迹。近代思想家梁启超、中国现代戏剧大师曹禺、北洋军阀袁世凯、中华民国副总统冯国璋等一批社会名流曾居住、活动于此，留下诸多历史的印记。

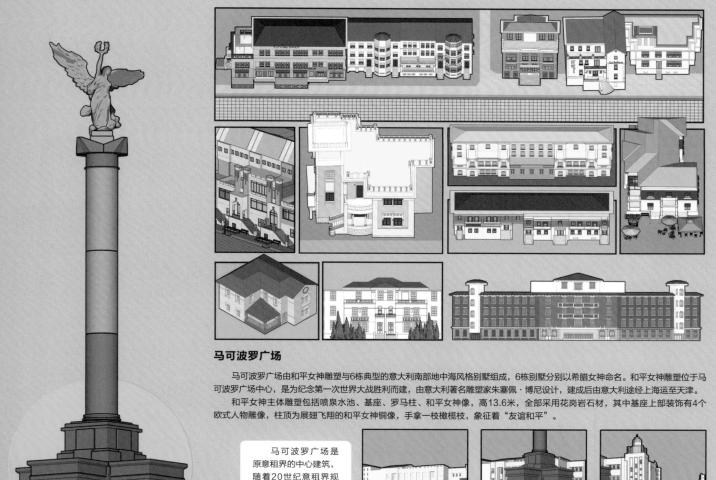

马可波罗广场

　　马可波罗广场由和平女神雕塑与6栋典型的意大利南部地中海风格别墅组成，6栋别墅分别以希腊女神命名。和平女神雕塑位于马可波罗广场中心，是为纪念第一次世界大战胜利而建，由意大利著名雕塑家朱塞佩·博尼设计，建成后由意大利途经上海运至天津。

　　和平女神主体雕塑包括喷泉水池、基座、罗马柱、和平女神像，高13.6米，全部采用花岗岩石材，其中基座上部装饰有4个欧式人物雕像，柱顶为展翅飞翔的和平女神铜像，手拿一枝橄榄枝，象征着"友谊和平"。

> 马可波罗广场是原意租界的中心建筑，随着20世纪意租界规划开辟而成。

曾氏祠堂

意大利风情街内有一栋庄重典雅的欧式建筑，被称为"曾氏祠堂"。这座建筑的主人曾氏是近代音乐活动家、音乐教育家、音乐理论家曾志忞。曾志忞为纪念其父亲曾铸（号寿鱼）定名曾氏寿鱼祠堂。寿鱼堂于1916年10月动工，1917年9月落成，为中西结合式建筑，由祠堂、庭院、花房等组成。堂屋外侧有六根廊柱，屋顶为中式坡顶，祠堂在一层，另有一层为地窖。祠堂正中为大堂，供曾铸的神龛，岁时致祭。2006年进行建筑修复时，有人发现镌有"曾国荃之墓"的石碑，遂定为"曾氏祠堂"，其实此"曾氏"非彼"曾氏"。

2011年，法国巴黎福楼集团将这栋建筑改造为福楼法餐厅FLO。

福楼内部空间知性而雅致，时常有音乐演奏，让我想起我创办的中国第一支西洋管弦乐队。

曾志忞
（1848—1908年）

周边历史住宅

饮冰室（梁启超旧居）

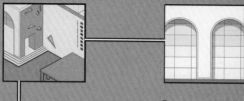

天津规划展览馆

曾氏祠堂（寿鱼堂）

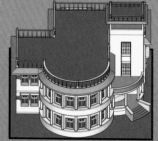

周边历史住宅

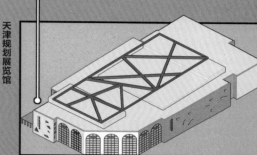

我与意大利驻华公使嘎里纳签订了《天津意国租界章程合同》，也划定了天津意租界的范围。

唐绍仪
（1862—1938年）

袁世凯
（1859—1916年）

我于1912年辛亥革命后归国买下了此地并居住了15年，请白罗尼欧设计了住宅，后修建了书斋"饮冰室"。在这里我撰写了《中国历史研究法》《清代学术概论》等著作。

梁启超
（1873—1929年）

第一工人文化宫
（原回力球馆）

第一工人文化宫坐落于天津原意租界马可波罗路，兴建于1933—1934年，新中国成立后改为第一工人文化宫，是天津重点历史风貌建筑。回力球馆由意大利商富马加里创办，是借回力球运动赌博的场所，内部还设有赛场、餐厅、休息室等，是当时华北地区最大的室内游乐场。

回力球馆由意大利建筑师鲍乃弟和瑞士籍建筑师凯思乐设计，八角形塔楼体现了后现代主义的特点。

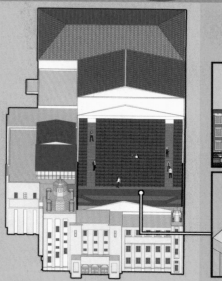

回力球馆建筑面积达1万平方米，顶端有一座八角形的塔楼。

意式风情街有上百栋保存完整的欧式建筑。

这里各种西餐厅林立，意式风情浓郁。

这是1908—1916年建成的别具一格的广场，周围有众多意式花园别墅住宅群。

易兆云旧居是一栋具有文艺复兴风格的意式建筑，是原意租界最杰出的建筑之一。

第一文化宫

易兆云 旧居

天津规划展览馆

马可波罗 广场

展览馆是一座米黄色的雄伟建筑，拥有明快的现代格调、浓郁的异国风情。

在意式风情街内走一走，有置身南欧的感觉。

曾氏 祠堂